Flex und Flo 2

W0405236

Multiplizieren und Dividieren

Erarbeitet von
Britta Decker, Christiane Deutschmann,
Nadja Lother, Ulrike Schulze,
Jürgen Seckerdieck und Imke Sundermeier
in Zusammenarbeit mit der
Redaktion Grundschule.

Unter beratender Mitwirkung
von Prof. Dr. Marianne Franke†.

Diesterweg®

Zeichenerklärung

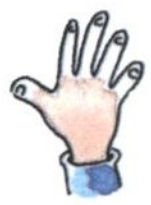

Benutze Material!

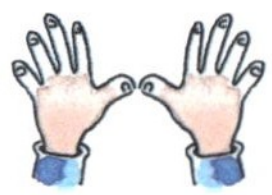

Partnerarbeit

Aufgaben zur Differenzierung mit einem höheren Anspruchsniveau

Weitere Übungen im Arbeitsheft auf der angegebenen Seite

Lernstandskontrolle

im Diagnoseheft „Mein Weg durch die Mathematik“ (ISBN 978-3-425-13217-4)

Inhaltsverzeichnis

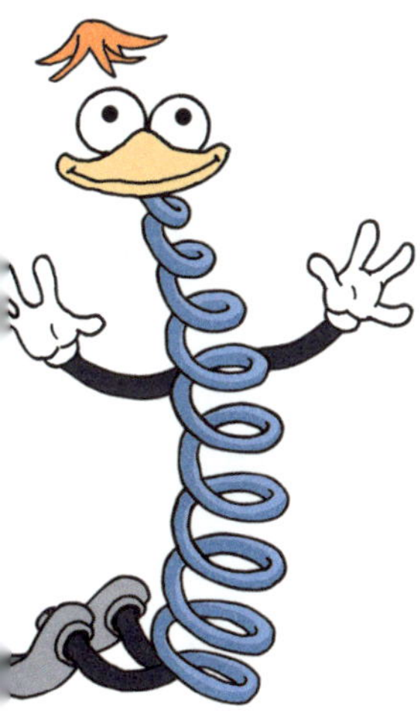

Viele Malaufgaben

Zum Bild erzählen. Malaufgabe suchen, Plusaufgabe dazu schreiben und lösen.

Plus- und Malaufgaben

1

a)

b)

c)

d)

e)

f)

2 Finde selbst Plus- und Malaufgaben im Bild.

Plus- und Malaufgaben

AH S. 24

1 Schreibe die passende Plusaufgabe und die Malaufgabe auf.

a) 

b) 

c) 

d) 

e) 

f) 

2

a) 

b) 

c) 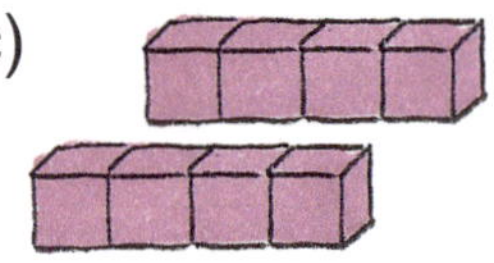

3

a) 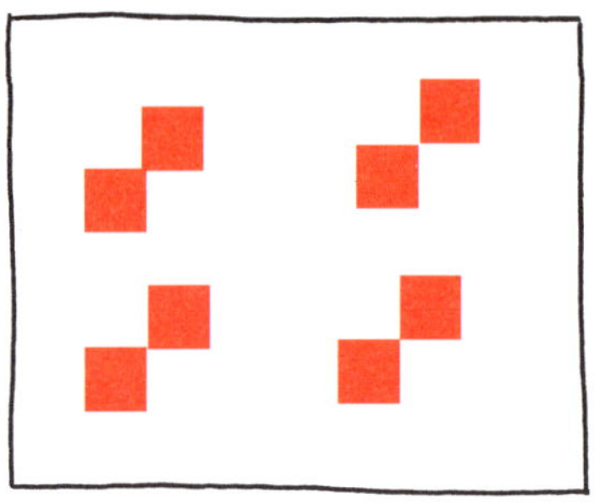

b) 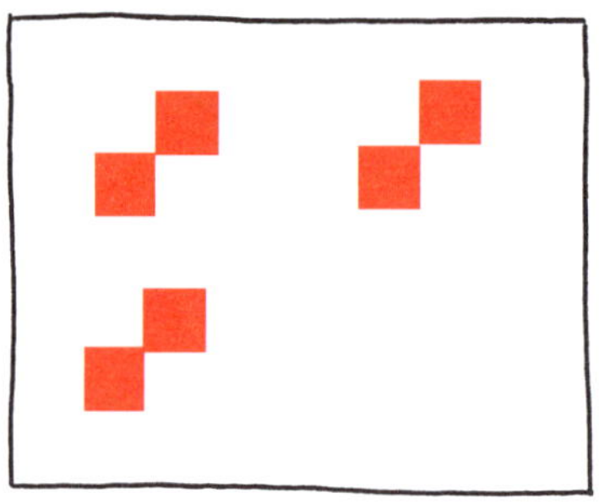

c) 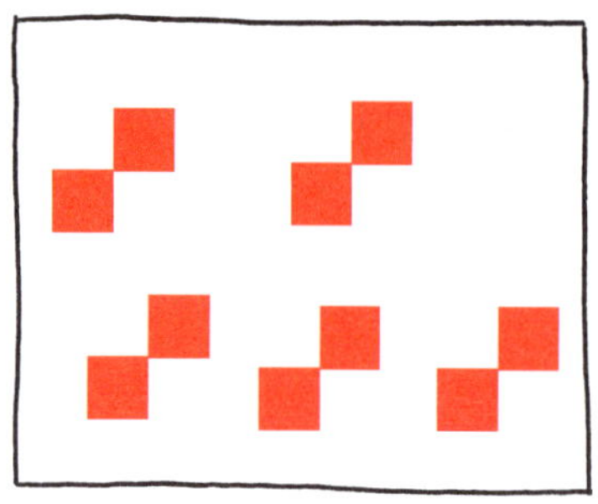

4

a) 

b) 

c) 

5

a) 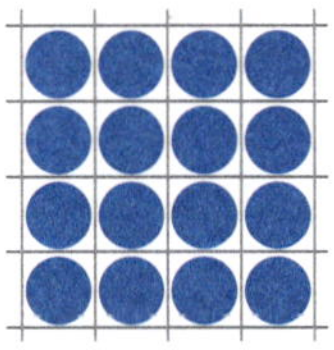

b) 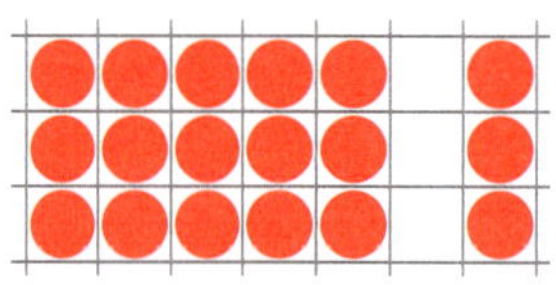

c) 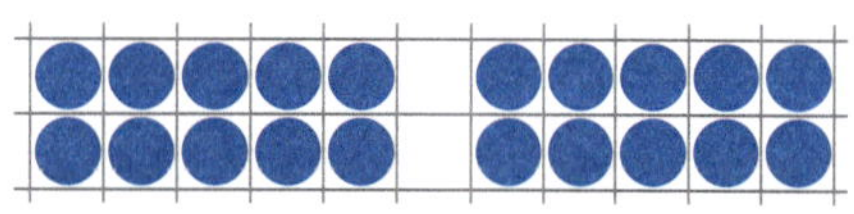

6 Male Punktefelder zu den Aufgaben wie in Aufgabe 5.

2 · 3	3 · 5
4 · 2	1 · 7

Plus- und Malaufgaben

1 Welche Aufgabe gehört zu welchem Punktefeld?

① 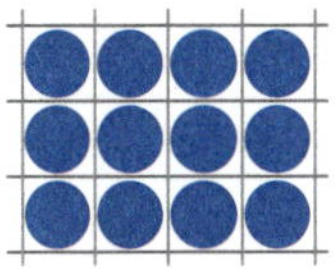

② 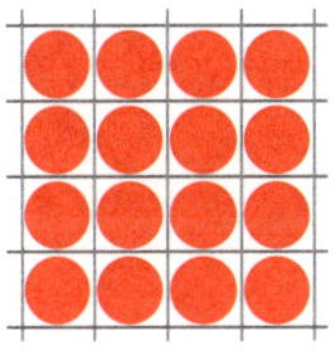

③ 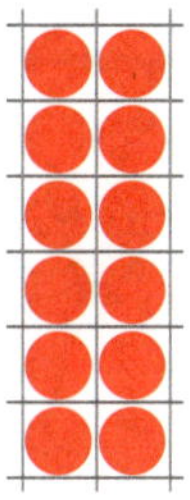

④ 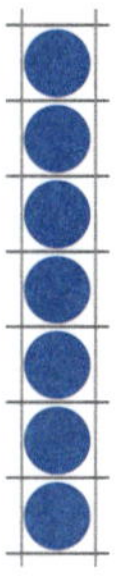

⑤ 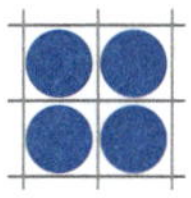

Ⓐ 4 · 4

Ⓑ 3 · 4

Ⓒ 2 · 2

Ⓓ 7 · 1

Ⓔ 6 · 2

S. 7, Nr. 1
1 B, 2

2 Von der Plusaufgabe zur Malaufgabe. Schreibe: a) 3 + 3 + 3 = 3 · 3 = …

a)	b)	c)	d)
3 + 3 + 3	9 + 9 + 9 + 9	4 + 4 + 4 + 4 + 4	10 + 10
6 + 6 + 6	5 + 5 + 5 + 5	2 + 2 + 2 + 2 + 2	10 + 10 + 10
7 + 7 + 7	6 + 6 + 6 + 6	7 + 7 + 7 + 7 + 7	9 + 9 + 9
8 + 8 + 8	3 + 3 + 3 + 3	6 + 6 + 6 + 6 + 6	5 + 5 + 5

3 Nun umgekehrt. Schreibe zu der Malaufgabe die passende Plusaufgabe auf.

a)	b)
2 · 8	2 · 9
2 · 6	3 · 5
7 · 2	1 · 9
4 · 5	3 · 7
5 · 4	5 · 3

S. 7, Nr. 3
a) 2 · 8 = 8 + 8 =
2 · 6 =

4 Plusaufgabe, Malaufgabe und Ergebnis. Schreibe auf, was zusammengehört.

4 · 2 | 5 + 5 + 5 | 2 + 2 + 2 + 2 | 12 | 2 · 10
20 | 10 + 10 | 4 · 6 | 20 | 24 | 5 + 5 + 5 + 5
3 · 5 | 4 · 5 | 3 + 3 + 3 + 3 | 6 + 6 + 6 + 6 | 4 · 3 | 8 | 15

5 Schreibe die Malaufgabe auf. Rechne aus. a) 4 · 20 =

a) 20 + 20 + 20 + 20 b) 30 + 30 + 30 c) 50 + 50

d) 10+10+10+10+10 e) 10+10+10+10+10+10+10+10+10+10

Aufgabe und Tauschaufgabe

1 Schreibe zu jedem Bild die Aufgabe und die Tauschaufgabe.

a)

b)

c)

d)
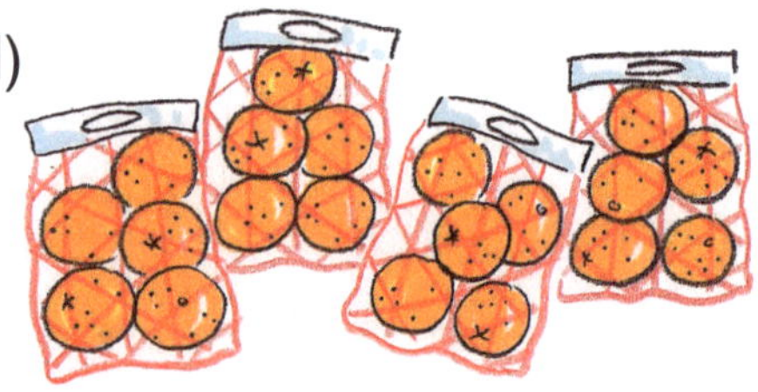

e)

f)

2 Wie viele Kästchen sind es? Schreibe die Aufgabe und die Tauschaufgabe.

a)
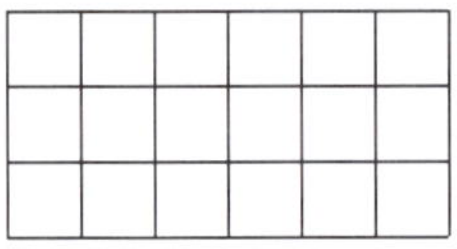

b)
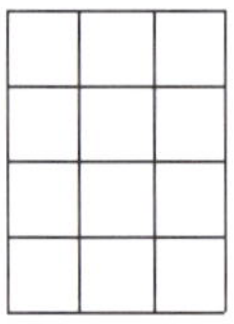

c)
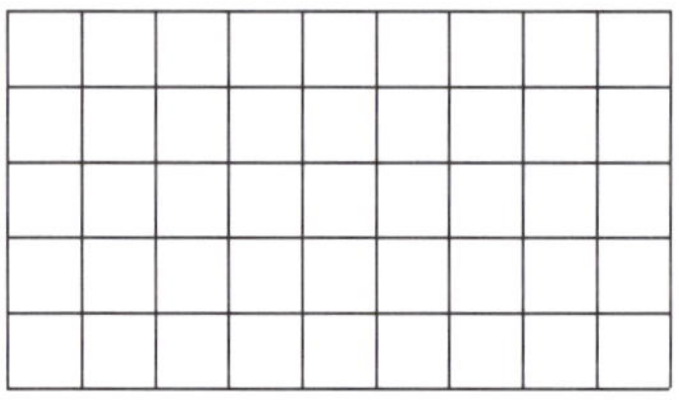

d)
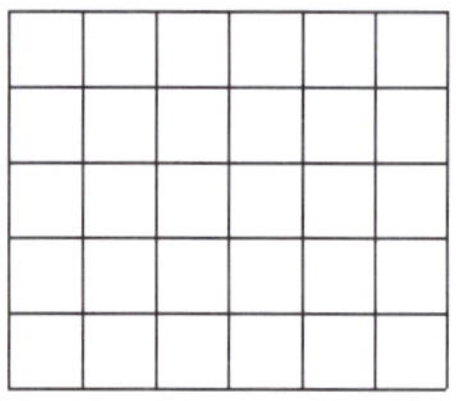

3 Zeichne wie Flex Malaufgaben.
Schreibe die Aufgabe und
die Tauschaufgabe dazu.

4 Was passt?

a)
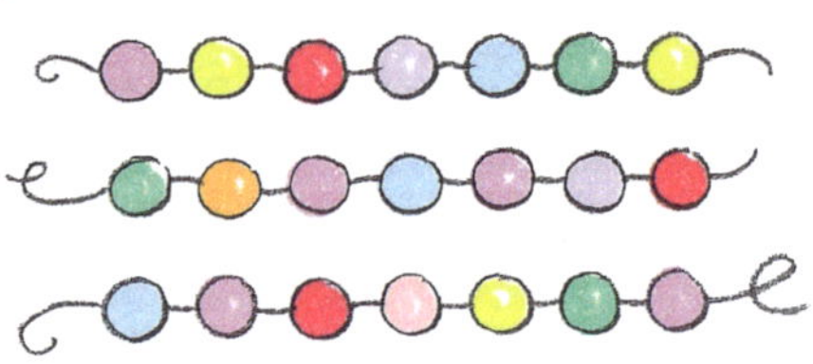

7 · 3 = __ oder 3 · 7 = __

b)

10 · 2 = __ oder 2 · 10 = __

Malaufgaben am Punktefeld

1 Schreibe zu jedem Punktefeld die Malaufgabe auf.

a)

b)

c)

d)

2

a)
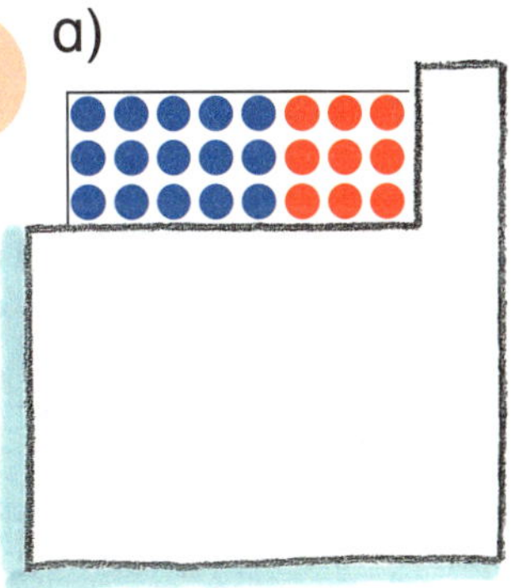

b)

c)

d)

3

a)

b)

c)

d)

4 Zeige am Punktefeld, dein Partner kontrolliert:

5 · 5 4 · 8 7 · 6 9 · 2 10 · 4 4 · 7 3 · 9 9 · 3

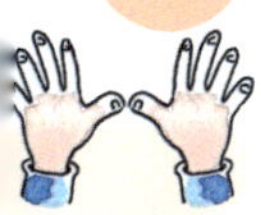

5 Zeige eine Aufgabe am Punktefeld, dein Partner sagt die Aufgabe.
Wechselt euch ab.

Verdoppeln

1 Schreibe immer die Aufgabe und das Doppelte auf.

a) 

b) 

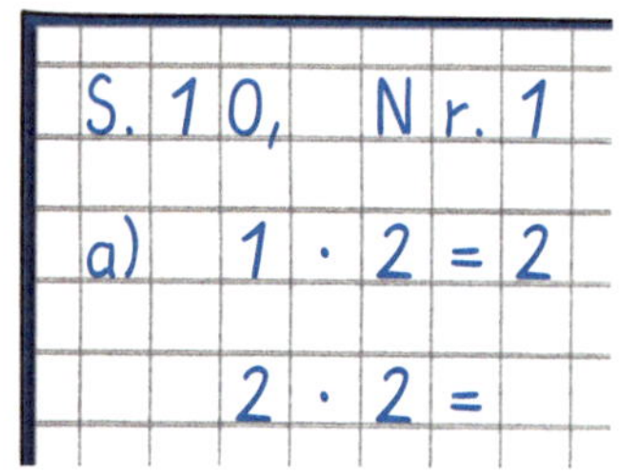

c) 

d) 

2 Übertrage die Tabellen in dein Heft. Finde selbst Aufgaben zum Verdoppeln.

a)

Zahl	Das Doppelte
5	
6	
8	
9	
10	

b)

Zahl	Das Doppelte

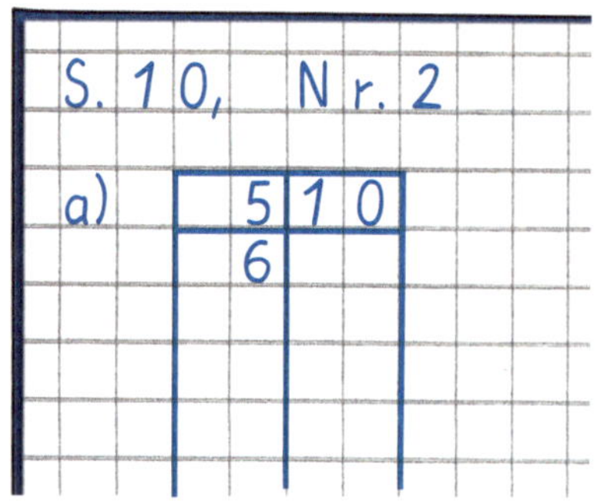

3 Schreibe die Plusaufgabe und die Malaufgabe auf.

a) 3 + 3   5 + 5   7 + 7   0 + 0   b) 10 + 10   20 + 20   30 + 30

4 Frau Schulte kauft für ihre beiden Kinder ein. Wie viel Euro muss sie bezahlen?

a) Eine Eintrittskarte kostet 7 €. Zwei Karten kosten __ €.
b) Eine Kugel Eis kostet 50 Cent. Zwei Kugeln …
c) Eine Rolle Weingummi kostet 45 Cent. Zwei Rollen …
d) Eine Bratwurst kostet 1 € 50 Cent. Zwei Bratwürste kosten …

5

a)	b)	c)	d)
2 · __ = 20	2 · __ = 12	2 · __ = 6	2 · __ = 80
2 · __ = 10	2 · __ = 18	2 · __ = 4	2 · __ = 100

6 Aufgabe und Tauschaufgabe. Schreibe in dein Heft.

a)	b)	c)	d)	e)
2 · 6	2 · 8	2 · 9	2 · 10	2 · 0
6 · 2	8 · 2	9 · 2	10 · 2	0 · 2

Einmaleins der 2

AH S. 25

1 Schreibe die Aufgaben in dein Heft.

1 · 2 　 3 · 2 　 5 · 2 　 7 · 2 　 9 · 2
2 · 2 　 4 · 2 　 6 · 2 　 8 · 2 　 10 · 2

2 Aufgabe und Ergebnis. Was gehört zusammen? Schreibe in dein Heft.

2 · 2 　 6 · 2 　 10 　 20 　 8 · 2
7 · 2 　 5 · 2
12 　 4 　 10 · 2 　 14 　 16

3 Zeige die Malaufgaben an deinem Punktefeld.
Schreibe Aufgabe und Tauschaufgabe in dein Heft.

a) 7 · 2 　 b) 1 · 2 　 c) 9 · 2 　 d) 6 · 2
2 · 7 　 __ 　 __ 　 __

e) 4 · 2 　 f) 8 · 2 　 g) 10 · 2 　 h) 3 · 2
__ 　 __ 　 __ 　 __

4 a) __ · 2 = 4 　 b) __ · 2 = 20 　 c) __ · 2 = 6 　 d) __ · 2 = 8 　 e) __ · 2 = 2
__ · 2 = 16 　 __ · 2 = 18 　 __ · 2 = 12 　 __ · 2 = 10 　 __ · 2 = 0

5 Hier fällt etwas auf.

a) 2 · 1 　 b) 2 · 2 　 c) 2 · 3 　 d) 2 · 4 　 e) 2 · 5
2 · 2 　 2 · 4 　 2 · 6 　 2 · 8 　 2 · 10

6 Finde die Regel. Setze fort, so weit du kannst.

4 · 2 　 5 · 2 　 6 · 2 　 7 · 2 　 ____
8 · 2 　 10 · 2 　 12 · 2 　 __ 　 ____

Verfünffachen und Verzehnfachen

1 Schreibe die beiden Malaufgaben auf.

a) 

b) 

c) 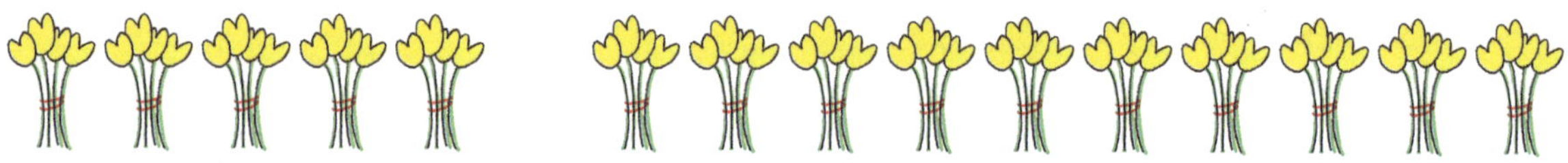

2 Welche Malaufgaben sind es? Schreibe Aufgabe und Ergebnis auf.

a) 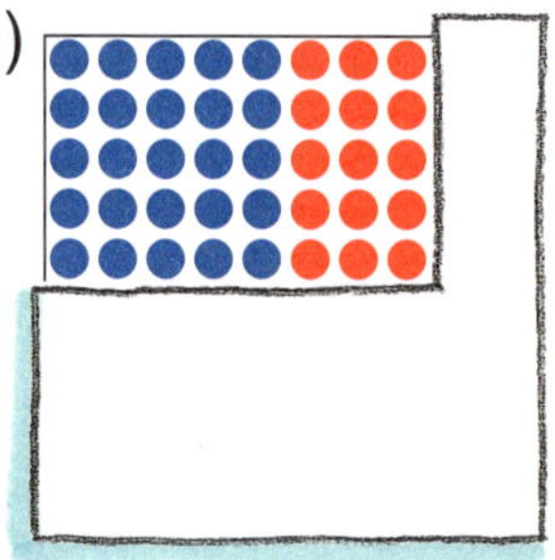
b) 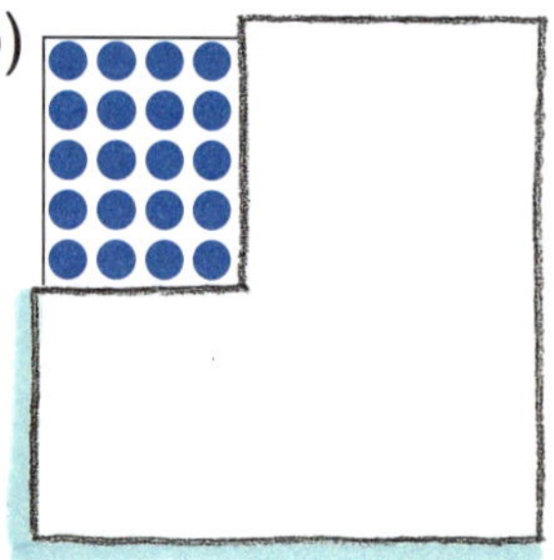
c) 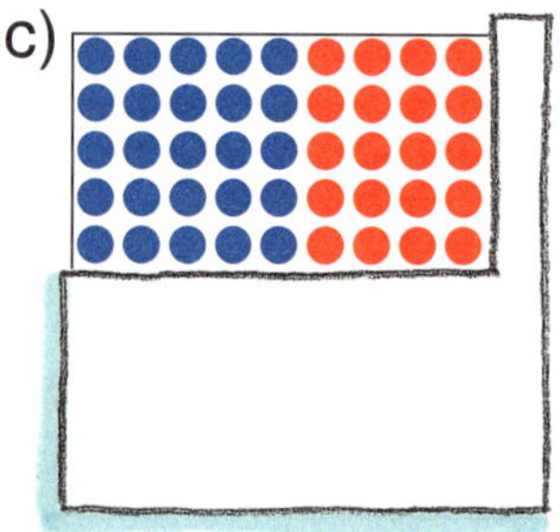
d) 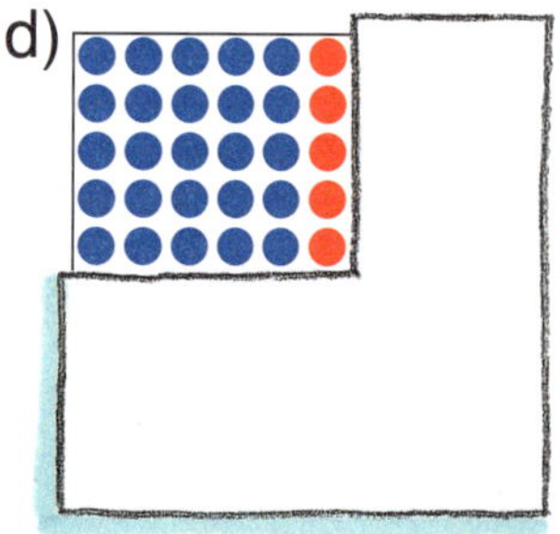

3 Zeige die Malaufgaben am Punktefeld, dein Partner kontrolliert.

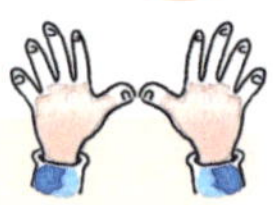

a)	b)
5 · 2	5 · 3
5 · 8	5 · 5
5 · 9	5 · 7
5 · 1	5 · 10

4 Zeige die Malaufgaben am Punktefeld. Schreibe Aufgabe und Ergebnis auf.

a)	b)	c)	d)	e)
10 · 1	10 · 2	10 · 6	10 · 7	10 · 8
10 · 3	10 · 4	10 · 5	10 · 9	10 · 10

5

a)	b)	c)	d)
10 · __ = 30	5 · __ = 10	10 · __ = 10	5 · __ = 25
10 · __ = 80	5 · __ = 20	10 · __ = 90	5 · __ = 45
10 · __ = 40	5 · __ = 30	10 · __ = 70	5 · __ = 35

6 Hier fällt etwas auf.

a)	b)	c)	d)	e)	f)
10 · 3	10 · 4	10 · 2	5 · 2	5 · 4	5 · 3
10 · 6	10 · 8	10 · 4	5 · 4	5 · 8	5 · 6

Einmaleins der 5 und der 10

1 Schreibe die passende Malaufgabe auf.

a) 
b) 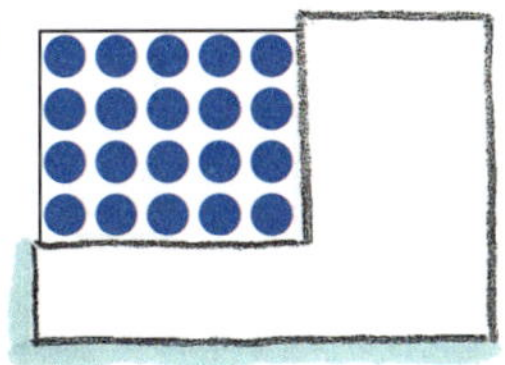
c) 
d) 

2

a)	b)	c)	d)	e)
5 · 5	3 · 5	4 · 5	1 · 5	0 · 5
2 · 5	6 · 5	8 · 5	10 · 5	7 · 5

3 Schreibe auch hier die passende Malaufgabe auf.

a) 
b) 
c) 

4

a)	b)	c)	d)	e)
5 · 10	3 · 10	4 · 10	1 · 10	0 · 10
2 · 10	6 · 10	8 · 10	10 · 10	7 · 10

5 Aufgabe und Tauschaufgabe. Schreibe auf wie im Beispiel.

6 · 5 | 4 · 10 | 5 · 10 | 3 · 10 | 10 · 5 | 1 · 10 | 8 · 5 | 4 · 5 | 10 · 3 | 3 · 5 | 5 · 4 | 10 · 1 | 10 · 4 | 5 · 8 | 5 · 6 | 5 · 3

S. 13, Nr. 5
6 · 5 =
5 · 6 =

2 · 10 =
4 · 5 =

6 Was fällt dir auf? Schreibe immer zwei Aufgaben, eine zur Zehner-Reihe und eine zur Fünfer-Reihe.

a) 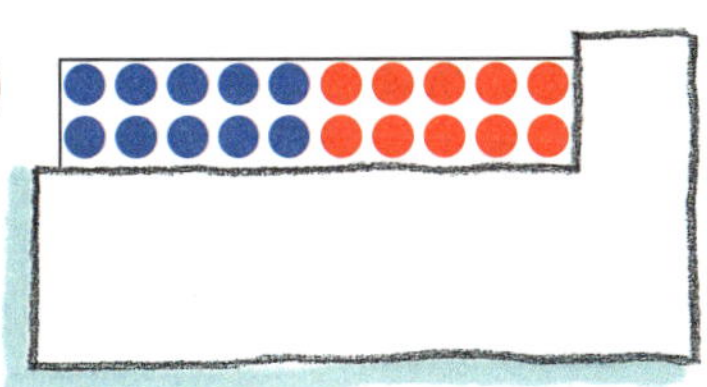
b) 
c) 

7 Finde die passende Aufgabe wie in Aufgabe 6.

a)	b)	c)	d)	e)	f)
1 · 10	3 · 10	4 · 10	6 · 10	7 · 10	8 · 10
2 · 5	6 · 5	__	__	__	__

Aufteilen

1 a) 8 Bananen
Immer 2 Bananen in eine Tüte.

Es sind 4 Tüten.

b) 12 Äpfel
Immer 4 Äpfel in eine Tüte.

Es sind _ Tüten.

c) 10 Tomaten
Immer 5 Tomaten in ein Netz.

Es sind _ Netze.

d) 9 Zitronen
Immer 3 Zitronen in ein Netz.

Es sind _ Netze.

2 18 Orangen. Wie viele Netze sind es?
a) Immer 6 Stück in ein Netz.
b) Immer 3 Stück in ein Netz.
Male oder lege mit Wendeplättchen.

3 Beim Sport sind 16 Kinder.
Wie viele Mannschaften sind es?
a) Immer 2 Kinder. b) Immer 4 Kinder. c) Immer 8 Kinder.
Lege auch mit Wendeplättchen.

4 Immer 4 Kekse auf einen Teller.

Verteilen

18 Kekse __ Kekse __ Kekse

1 Verteile gerecht. Male in dein Heft.

a) 16 Perlen an 4 Kinder

Jeder bekommt __ Perlen.

b) 15 Perlen an 3 Kinder

Jeder bekommt __ Perlen.

2 Verteile, jeder soll gleich viel bekommen. Male in dein Heft.

a) 20 Perlen an 5 Kinder b) 20 Perlen an 4 Kinder c) 18 Perlen an 6 Kinder

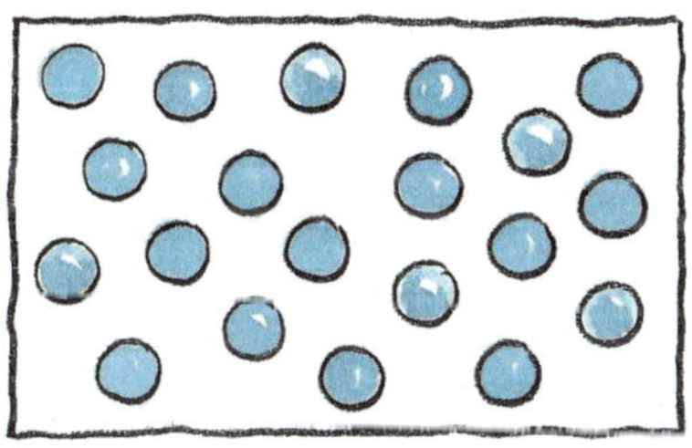

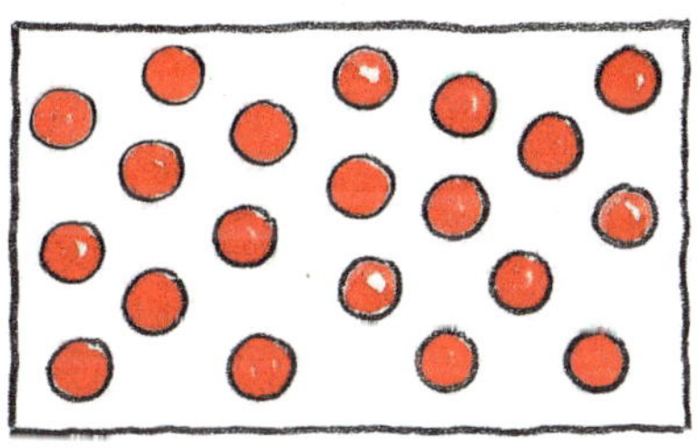

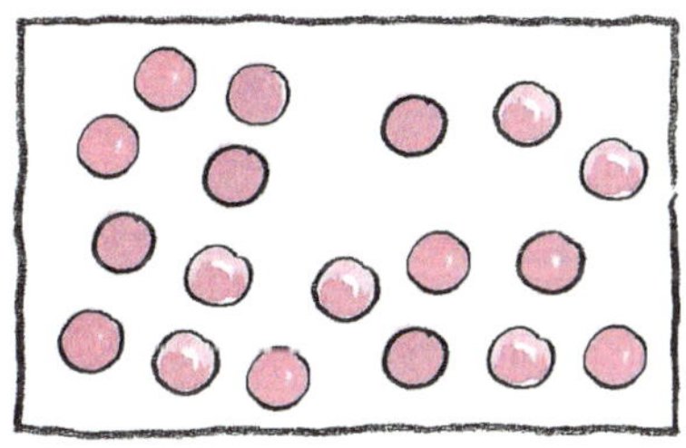

3 12 Perlen. Wie viele Perlen bekommt jedes Kind?

a) Verteile an 4 Kinder.
b) Verteile an 6 Kinder.
c) Verteile an 2 Kinder.
d) Verteile an 3 Kinder.

4 Wie viele Perlen bekommt jedes Kind?

a) Verteile 32 Perlen an 8 Kinder.
b) Verteile 42 Perlen an 6 Kinder.
c) Verteile 12 Perlen an 12 Kinder.
d) Verteile 50 Perlen an 5 Kinder.
e) Verteile 64 Perlen an 8 Kinder.
f) Verteile 49 Perlen an 7 Kinder.

5 Verteile 24 Perlen.

a) an 3 Kinder b) an 4 Kinder c) an 6 Kinder d) an 8 Kinder

Quadratmuster

1 Schreibe zu den Quadratmustern die Malaufgabe.

a) 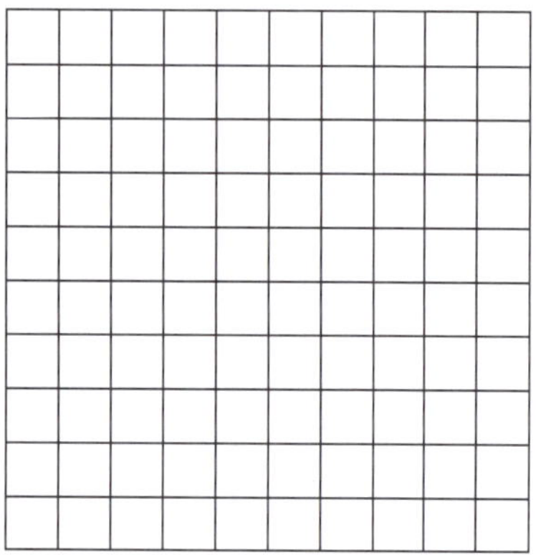

b) 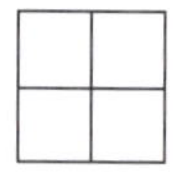

c) 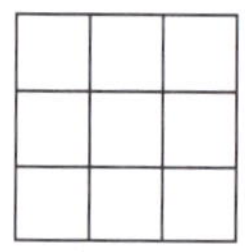

d) 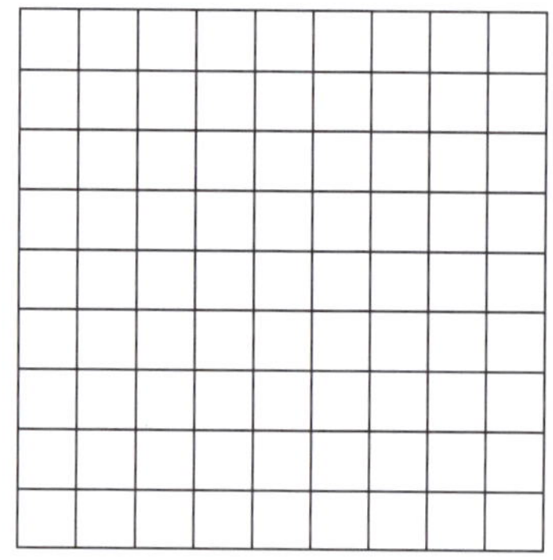

2 10 Quadrate! Findest du sie alle? Schreibe die Malaufgaben auf.

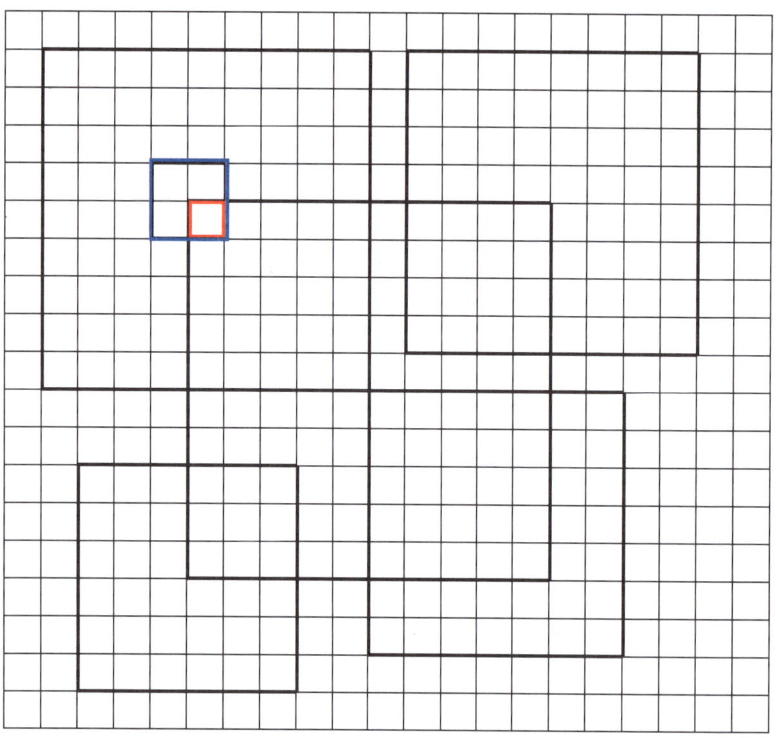

3 Wie heißt die Quadratzahl?

a) Sie liegt zwischen 20 und 30.

b) Sie liegt zwischen 30 und 40.

c) Sie liegt zwischen 10 und 20.

d) Sie liegt zwischen 60 und 70.

Blitzaufgaben

AH S. 28–29

·	1	2	3	4	5	6	7	8	9	10
1	1	2	3	4	5	6	7	8	9	10
2	2									
3	3									
4	4									
5	5									
6										
7										
8										
9										
10										

1. Trage alle Aufgaben der Zweier-Reihe ein.
Schreibe auch die Tauschaufgaben dazu.

2. Trage die Zahlen der Fünfer-Reihe und der Zehner-Reihe in die Tafel ein.
Schreibe auch die Tauschaufgaben dazu.

3. Trage die Quadratzahlen ein.

4. Trage die Einer-Reihe und die Tauschaufgaben ein.

5. 

Schreibe auf:

a) Die Blitzaufgaben der Dreier-Reihe.

b) Die Blitzaufgaben der Siebener-Reihe.

c) Die Blitzaufgaben der Achter-Reihe.

d) Die Blitzaufgaben der Vierer-Reihe.

e) Die Blitzaufgaben der Sechser-Reihe.

Einmaleins-Tafel zum Eintragen im Arbeitsheft oder als Kopiervorlage in den Lehrermaterialien.

Mit Blitzaufgaben rechnen

1 Welche Blitzaufgaben können dir helfen? Schreibe wie im Beispiel.

a) 

b) 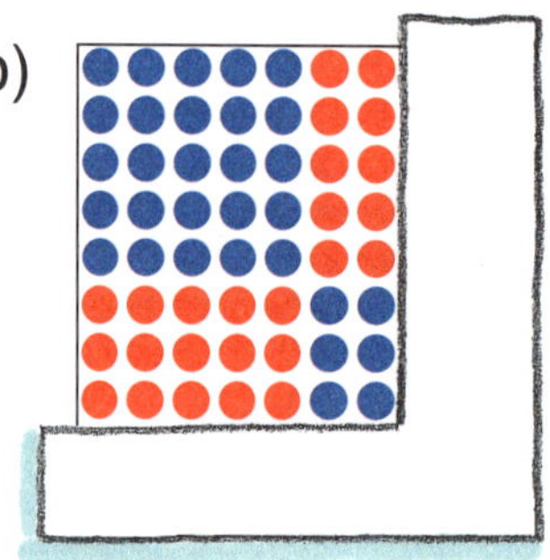

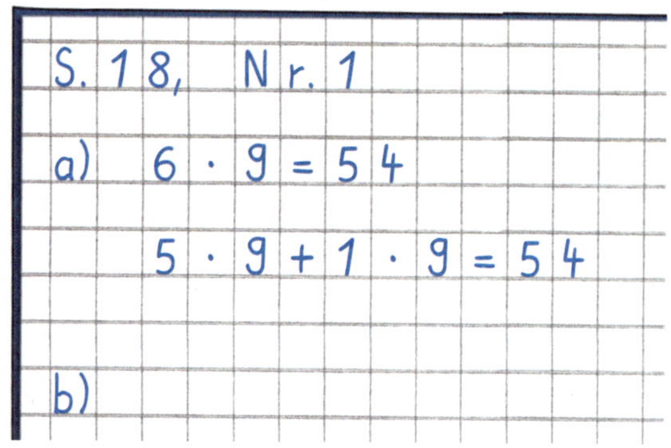

2 Löse mit der Blitzaufgabe. Schreibe ausführlich wie in Aufgabe 1.

a) 6 · 4 b) 3 · 9 c) 6 · 7 d) 6 · 3 e) 3 · 8 f) 3 · 7

3

a)	b)	c)	d)	e)	f)
⚡ 8 · 8	⚡ 3 · 3	⚡ 2 · 2	⚡ 7 · 7	⚡ 6 · 6	⚡ 5 · 5
9 · 8	4 · 3	3 · 2	8 · 7	7 · 6	6 · 5

4

a) 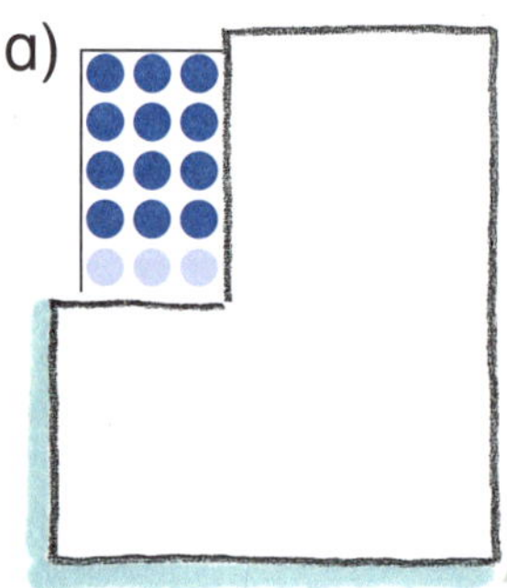

b) 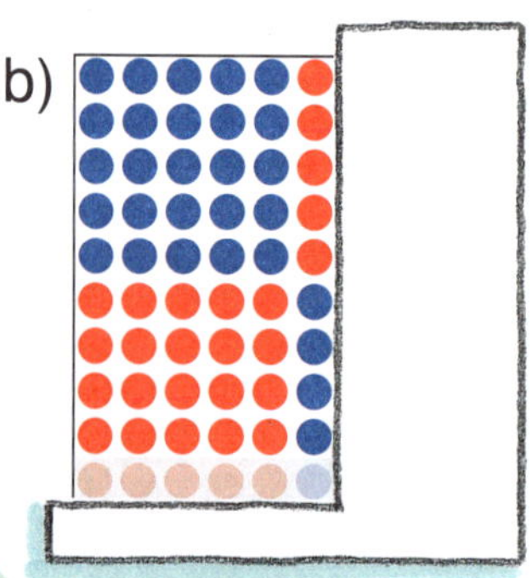

c) 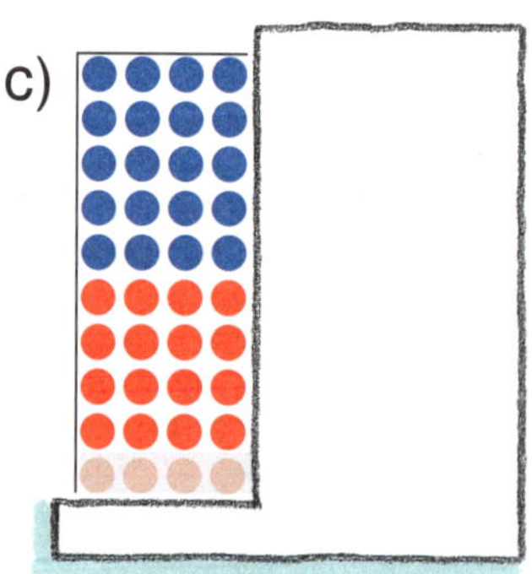

5 Löse mit der Blitzaufgabe. Schreibe ausführlich mit der Minusaufgabe.

a) 4 · 6 b) 9 · 4 c) 9 · 3 d) 4 · 7 e) 4 · 9 f) 9 · 6

6

a)	b)	c)	d)	e)	f)
⚡ 10 · 7	⚡ 5 · 6	⚡ 8 · 8	⚡ 9 · 9	⚡ 10 · 8	⚡ 7 · 7
9 · 7	4 · 6	7 · 8	8 · 9	9 · 8	6 · 7

Einmaleins der 4

AH S. 27

1

2

a) 5 · 4, 6 · 4, 7 · 4

b) 2 · 4, 3 · 4, 4 · 4

c) 4 · 4, 3 · 4, 2 · 4

d) 10 · 4, 9 · 4, 8 · 4

e) 5 · 4, 4 · 4, 3 · 4

3 Aufgabe und Ergebnis. Was gehört zusammen? Schreibe in dein Heft.

9 · 4 | 7 · 4 | 3 · 4 | 6 · 4 | 8 · 4

32 | 36 | 24 | 28 | 12

4 Zeige die Malaufgaben an deinem Punktefeld.
Schreibe Aufgabe und Tauschaufgabe in dein Heft.

a) 3 · 4
   4 · 3

b) 7 · 4
   __

c) 8 · 4
   __

d) 9 · 4
   __

e) 6 · 4
   __

f) 5 · 4
   __

g) 2 · 4
   __

h) 1 · 4
   __

5 Schreibe die Aufgaben der Vierer-Reihe in dein Heft.

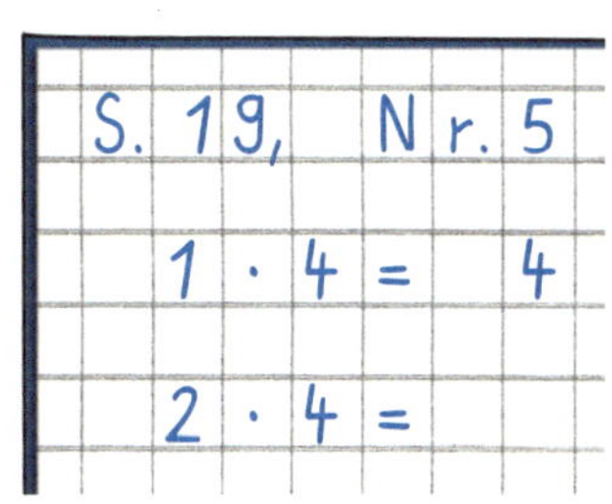

6

a) __ · 4 = 8
   __ · 4 = 16

b) __ · 4 = 20
   __ · 4 = 40

c) __ · 4 = 24
   __ · 4 = 28

5 Vierer-Reihe im Heft oder in der großen Einmaleins-Tafel im Arbeitsheft notieren.

Einmaleins der 3

AH S. 30

1

3

1 · 3
2 · 3
3 · 3
5 · 3
10 · 3

4 · 3
8 · 3
9 · 3
6 · 3
7 · 3

2

a) 5 · 3
6 · 3
7 · 3

b) 2 · 3
3 · 3
4 · 3

c) 3 · 3
4 · 3
5 · 3

d) 10 · 3
9 · 3
8 · 3

e) 5 · 3
4 · 3
3 · 3

3 Aufgabe und Ergebnis. Was gehört zusammen? Schreibe in dein Heft.

8 · 3 | 7 · 3 | 9 · 3 | 6 · 3 | 4 · 3

21 | 27 | 24 | 12 | 18

4 Zeige die Malaufgaben an deinem Punktefeld.
Schreibe Aufgabe und Tauschaufgabe in dein Heft.

a) 5 · 3
3 · 5

b) 7 · 3
__

c) 8 · 3
__

d) 9 · 3
__

e) 4 · 3
__

f) 2 · 3
__

g) 10 · 3
__

h) 6 · 3
__

5 Schreibe die Aufgaben der Dreier-Reihe in dein Heft.

6

a) __ · 3 = 6
__ · 3 = 12

b) __ · 3 = 9
__ · 3 = 18

c) __ · 3 = 21
__ · 3 = 15

d) __ · 3 = 27
__ · 3 = 24

e) __ · 3 = 3
__ · 3 = 0

5 Dreier-Reihe im Heft oder in der großen Einmaleins-Tafel im Arbeitsheft notieren.

Einmaleins der 6

AH S. 31

1

1 · 6
2 · 6
5 · 6
6 · 6
10 · 6

3 · 6
4 · 6
7 · 6
8 · 6
9 · 6

2

a) 5 · 6
6 · 6
7 · 6

b) 2 · 6
3 · 6
4 · 6

c) 6 · 6
5 · 6
4 · 6

d) 10 · 6
9 · 6
8 · 6

e) 5 · 6
4 · 6
3 · 6

3 Aufgabe und Ergebnis. Was gehört zusammen? Schreibe in dein Heft.

7 · 6 | 5 · 6 | 9 · 6 | 6 · 6 | 4 · 6

42 | 54 | 30 | 24 | 36

4 Zeige die Malaufgaben an deinem Punktefeld.
Schreibe Aufgabe und Tauschaufgabe in dein Heft.

a) 3 · 6
6 · 3

b) 7 · 6
__

c) 8 · 6
__

d) 9 · 6
__

e) 1 · 6
__

f) 4 · 6
__

g) 5 · 6
__

h) 2 · 6
__

5 Schreibe die Aufgaben der Sechser-Reihe in dein Heft.

6

a) __ · 6 = 12
__ · 6 = 24

b) __ · 6 = 18
__ · 6 = 36

c) __ · 6 = 30
__ · 6 = 48

d) __ · 6 = 42
__ · 6 = 54

e) __ · 6 = 6
__ · 6 = 0

5 Sechser-Reihe im Heft oder in der großen Einmaleins-Tafel im Arbeitsheft notieren.

AH S. 32

1 a) Schreibe alle Zahlen der Dreier-Reihe auf.
b) Schreibe alle Zahlen der Sechser-Reihe auf.
Welche Zahlen gehören zur Dreier-Reihe und auch zur Sechser-Reihe? Unterstreiche sie.

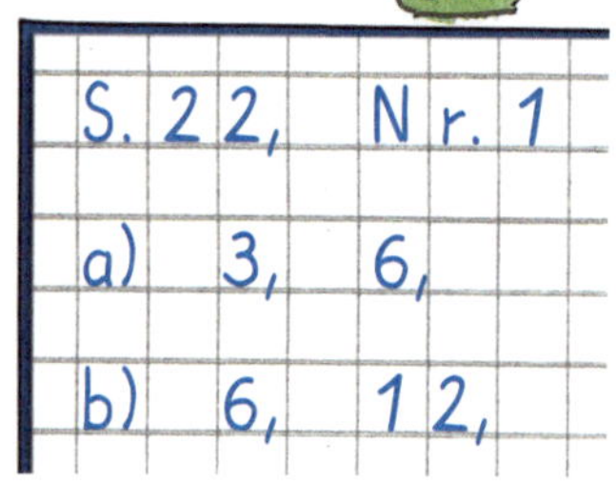

2 a) Schreibe alle Zahlen der Zweier-Reihe auf.
b) Schreibe alle Zahlen der Vierer-Reihe auf.
Welche Zahlen gehören zur Zweier-Reihe und auch zur Vierer-Reihe? Unterstreiche sie.

3 Hier fällt etwas auf.

a) 16 = __ · 2, 16 = __ · 4
b) 12 = __ · 2, 12 = __ · 4
c) 20 = __ · 2, 20 = __ · 4
d) 8 = __ · 2, 8 = __ · 4
e) 4 = __ · 2, 4 = __ · 4

4

a) 12 = __ · 3, 12 = __ · 6
b) 30 = __ · 3, 30 = __ · 6
c) 24 = __ · 3, 24 = __ · 6
d) 18 = __ · 3, 18 = __ · 6
e) 6 = __ · 3, 6 = __ · 6

5 Wie heißt die Zahl?

a) Die Zahl gehört zur Sechser-Reihe. Sie liegt zwischen 40 und 47.

b) Die Zahl gehört zur Dreier-Reihe. Sie liegt zwischen 15 und 20.

c) Die Zahl gehört zur Vierer-Reihe. Sie liegt zwischen 33 und 37.

6 Aufgepasst! Hier gibt es mehrere Lösungen.

a) Die Zahl gehört zur Dreier- und zur Sechser-Reihe. Sie liegt zwischen 10 und 20.

b) Die Zahl gehört zur Zweier- und zur Vierer-Reihe. Sie liegt zwischen 10 und 19.

c) Die Zahl gehört zur Vierer- und zur Sechser-Reihe. Sie liegt zwischen 20 und 40.

Einmaleins der 8

AH S. 33

1

8

1 · 8
2 · 8
5 · 8
8 · 8
10 · 8

3 · 8
6 · 8

4 · 8
7 · 8
9 · 8

2

a) 5 · 8
6 · 8
7 · 8

b) 2 · 8
3 · 8
4 · 8

c) 8 · 8
7 · 8
6 · 8

d) 10 · 8
9 · 8
8 · 8

e) 5 · 8
4 · 8
3 · 8

3 Aufgabe und Ergebnis. Was gehört zusammen? Schreibe in dein Heft.

2 · 8	6 · 8	3 · 8	8 · 8	7 · 8
64	16	56	48	24

4 Zeige die Malaufgaben an deinem Punktefeld.
Schreibe Aufgabe und Tauschaufgabe in dein Heft.

a) 3 · 8
8 · 3

b) 7 · 8
__

c) 9 · 8
__

d) 6 · 8
__

e) 5 · 8
__

f) 2 · 8
__

g) 4 · 8
__

h) 1 · 8
__

5 Schreibe die Aufgaben der Achter-Reihe in dein Heft.

6

a) __ · 8 = 16
__ · 8 = 32

b) __ · 8 = 24
__ · 8 = 48

c) __ · 8 = 40
__ · 8 = 80

d) __ · 8 = 64
__ · 8 = 56

e) __ · 8 = 8
__ · 8 = 0

5 Achter-Reihe im Heft oder in der großen Einmaleins-Tafel im Arbeitsheft notieren.

Einmaleins der 9

AH S. 34

1

	1 · 9		
	2 · 9	3 · 9	
4 · 9	5 · 9	6 · 9	7 · 9
8 · 9	9 · 9		
	10 · 9		

2

a) ⚡5 · 9
6 · 9
7 · 9

b) ⚡2 · 9
3 · 9
4 · 9

c) ⚡9 · 9
8 · 9
7 · 9

d) ⚡10 · 9
9 · 9
8 · 9

e) ⚡5 · 9
4 · 9
3 · 9

3 Aufgabe und Ergebnis. Was gehört zusammen? Schreibe in dein Heft.

2 · 9 | 4 · 9 | 9 · 9 | 7 · 9 | 6 · 9

36 | 63 | 18 | 54 | 81

4 Zeige die Malaufgaben an deinem Punktefeld.
Schreibe Aufgabe und Tauschaufgabe in dein Heft.

a) 4 · 9
9 · 4

b) 7 · 9
__

c) 6 · 9
__

d) 8 · 9
__

e) 5 · 9
__

f) 3 · 9
__

g) 1 · 9
__

h) 2 · 9
__

5 Schreibe die Aufgaben der Neuner-Reihe in dein Heft.

6

a) __ · 9 = 18
__ · 9 = 36

b) __ · 9 = 27
__ · 9 = 54

c) __ · 9 = 45
__ · 9 = 90

d) __ · 9 = 63
__ · 9 = 72

e) __ · 9 = 9
__ · 9 = 0

(5) Neuner-Reihe im Heft oder in der großen Einmaleins-Tafel im Arbeitsheft notieren.

Einmaleins der 9 und der 10

AH S. 35

1 Findest du die Regel?
Schreibe wie Flex in dein Heft.

a) 5 · 9
1 · 9
7 · 9

b) 2 · 9
4 · 9
3 · 9

c) 6 · 9
8 · 9
9 · 9

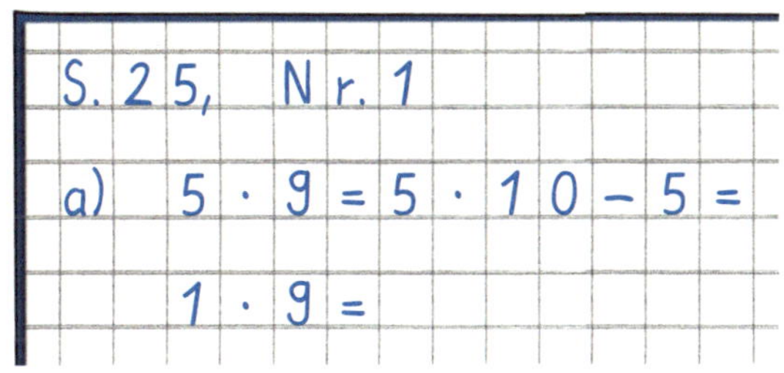

2 Schreibe die Zahlen der Neuner-Reihe nacheinander auf.
Vergleiche die Zehner und die Einer. Schreibe auf, was dir auffällt.

3 a) Flo hat die Zahlen der Neuner-Reihe aufgeschrieben und die Quersumme ausgerechnet.

b) Berechne die Quersumme für die Zahlen der Neuner-Reihe. Was fällt auf?

c) Welche Zahlen gehören nicht zur Neuner-Reihe? Schreibe sie auf.

84 34 36 28 67 54 73 90 19

Neuner-Reihe	Quersumme
9	9
18	
27	
36	

4 a) Schreibe alle Zahlen der Dreier-Reihe und der Neuner-Reihe auf.
Unterstreiche alle Zahlen, die zu beiden Reihen gehören.

b) Schreibe alle Zahlen der Vierer-Reihe und der Achter-Reihe auf.
Unterstreiche alle Zahlen, die zu beiden Reihen gehören.

c) Stimmt das?

① Alle Zahlen der Vierer-Reihe sind auch Zahlen der Achter-Reihe.
② Alle Zahlen der Achter-Reihe sind auch Zahlen der Vierer-Reihe.
③ Alle Zahlen der Neuner-Reihe sind auch Zahlen der Dreier-Reihe.
④ Alle Zahlen der Dreier-Reihe sind auch Zahlen der Neuner-Reihe.

AH S. 36

1

7

↯

1 · 7
2 · 7
5 · 7
7 · 7
10 · 7

4 · 7
9 · 7

3 · 7
6 · 7
8 · 7

2

a)	b)	c)	d)	e)
↯ 5 · 7	↯ 2 · 7	↯ 7 · 7	↯ 10 · 7	↯ 5 · 7
6 · 7	3 · 7	6 · 7	9 · 7	4 · 7
7 · 7	4 · 7	5 · 7	8 · 7	3 · 7

3 Aufgabe und Ergebnis. Was gehört zusammen? Schreibe in dein Heft.

7 · 7 | 6 · 7 | 4 · 7 | 8 · 7 | 3 · 7

21 | 28 | 56 | 42 | 49

4 Zeige die Malaufgaben an deinem Punktefeld.
Schreibe Aufgabe und Tauschaufgabe in dein Heft.

a)	b)	c)	d)
4 · 7	6 · 7	8 · 7	9 · 7
7 · 4	__	__	__

e)	f)	g)	h)
5 · 7	2 · 7	1 · 7	3 · 7
__	__	__	__

5 Schreibe die Aufgaben der Siebener-Reihe in dein Heft.

6

a)	b)	c)	d)	e)
__ · 7 = 14	__ · 7 = 21	__ · 7 = 35	__ · 7 = 63	__ · 7 = 0
__ · 7 = 28	__ · 7 = 42	__ · 7 = 70	__ · 7 = 49	__ · 7 = 7

(5) Siebener-Reihe im Heft oder in der großen Einmaleins-Tafel im Arbeitsheft notieren.

Übungen zum Einmaleins – Sachsituationen

1 Wie teuer ist es?

S. 27, Nr. 1
a) 4 · 5 € =

a) 

b) 

c) 

d) 

e) 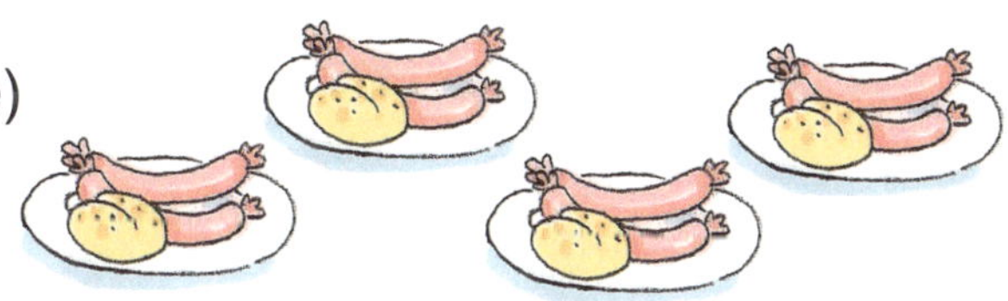

2 a) Herr Neufeld kauft:
2 Portionen Nudeln.
Wie viel bezahlt er?

b) Herr Altberg kauft:
5 Portionen Würstchen.
Wie viel bezahlt er?

S. 27, Nr. 2
a) 2 · _ € = _ €
Er bezahlt _ €.

c) Eine Wandergruppe kauft:
9 Hamburger, 7 Portionen Nudeln und 8 Schnitzel.
Wie viel bezahlen sie zusammen?

3 Was kaufst du?
Schreibe eine Einkaufsgeschichte.

Vier in einer Reihe

Material:
Zwei Zehnerwürfel
Wendeplättchen

Spielregel:
Abwechselnd mit den beiden Würfeln würfeln. Die Augenzahlen multiplizieren. Lösungsfeld mit einem Wendeplättchen belegen. Ist das Feld besetzt, kannst du nicht legen. Wer zuerst vier Felder neben- oder untereinander belegt hat, gewinnt.

1	2	3	4	5	6	7
8	9	10	12	14	15	16
18	20	21	24	25	27	28
30	32	35	36	40	42	45
48	49	50	54	56	60	63
64	70	72	80	81	90	100

Aufteilen

1 Schreibe die Durchaufgabe in dein Heft.

a) Immer 2 Brezeln in eine Tüte.

b) Immer 2 Brezeln in eine Tüte.

c) Immer 6 Orangen in ein Netz.

d) Immer 7 Äpfel in ein Netz.

e) Immer 7 Kekse auf einen Teller.

f) Immer 4 Kekse auf einen Teller.

2 Geburtstag! Schreibe die Durchaufgaben in dein Heft.

a) Mutter legt 20 Schokoküsse auf Teller, auf jeden Teller 5 Stück.

b) Vater hängt 35 Luftballons auf, an jede Leine hängt er 7 Stück.

c) Jeder Gast bekommt 6 Buntstifte. Mutter hat 48 Buntstifte gekauft.

Verteilen

1 Schreibe immer die Durchaufgabe in dein Heft.

a) Verteile gerecht an 5 Kinder.

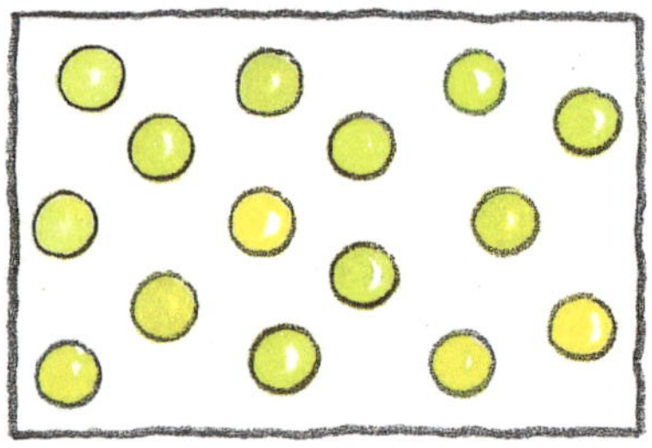

15 : 5 =

b) Verteile gerecht an 6 Kinder.

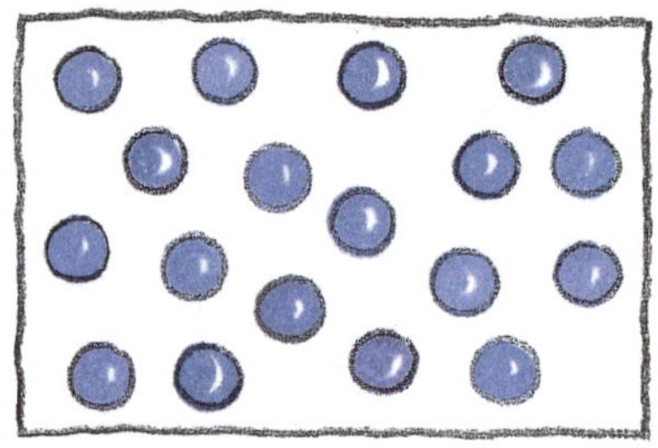

18 : 6 =

2 Verteile an 4 Kinder. Schreibe die Durchaufgabe in dein Heft.

a)

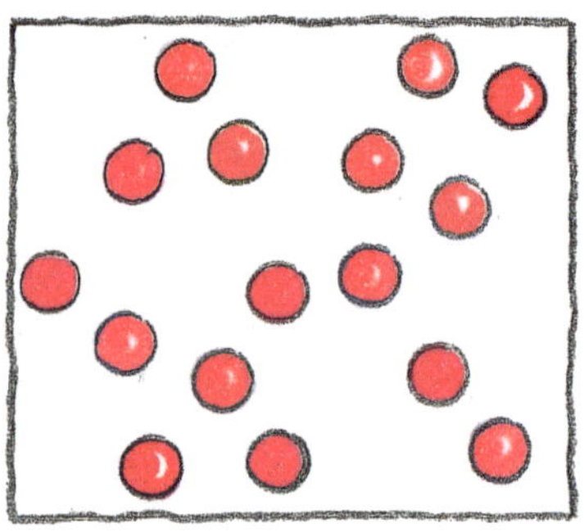

b)

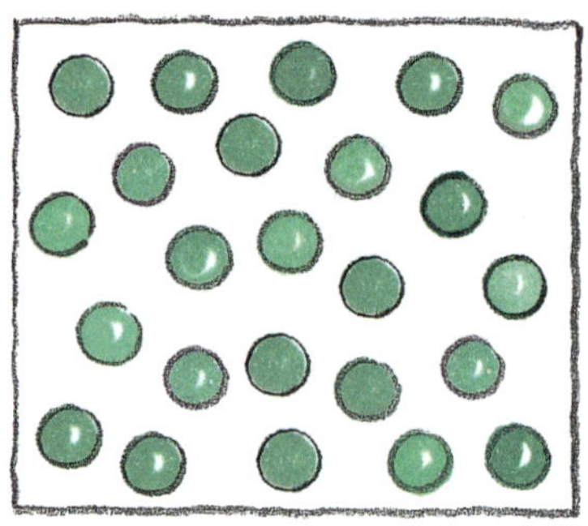

c)

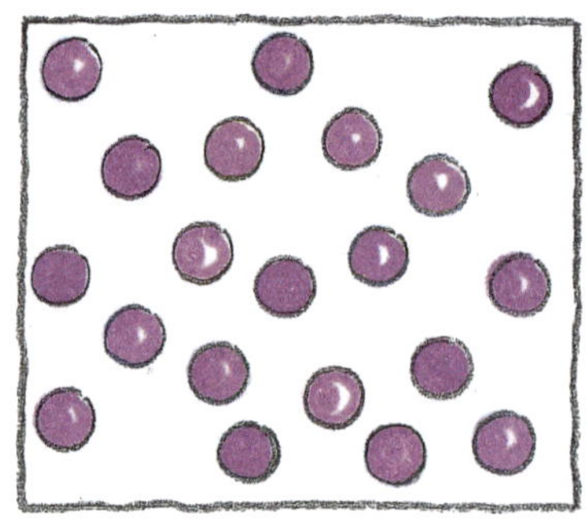

3 Verteile an 3 Kinder.

a)

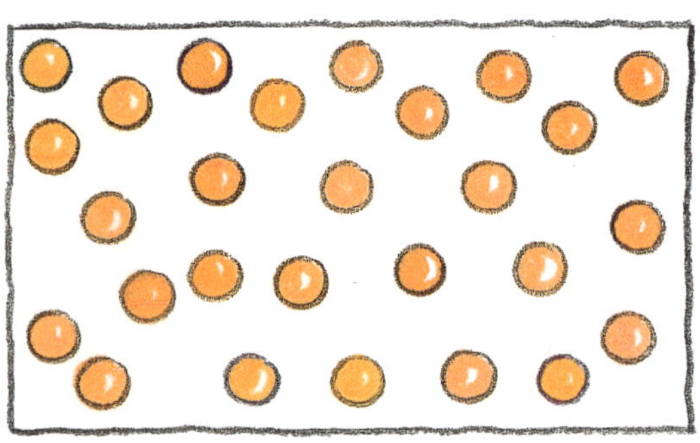

b)

4 30 Kirschen werden an 5 Kinder verteilt.
Wie viele Kirschen bekommt jedes Kind?

5 42 Kirschen werden an 7 Kinder verteilt.
Wie viele Kirschen bekommt jedes Kind?

Dividieren

AH S. 37

1 Schreibe die passende Durchaufgabe auf.

a) In einem Kartenspiel sind 40 Karten. Fünf Kinder spielen mit.
Wie viele Karten bekommt jedes Kind?

b) Rolf hat 40 Karten verteilt.
Jedes Kind hat 10 Karten bekommen.
Wie viele Kinder spielen mit?

2 Verteile gerecht an 5 Kinder.

a) 15 Stifte b) 40 Stifte c) 5 Stifte

16 : 2 = ____

16 : 2 = 8, denn 8 · 2 = 16

3 Schreibe wie Flex und Flo.

a) 16 : 2	b) 30 : 5	c) 35 : 7	d) 40 : 8	e) 20 : 2
24 : 4	42 : 6	15 : 3	45 : 9	14 : 7

4 Kontrolliere mit der Malaufgabe.

a) 25 : 5	b) 72 : 8	c) 63 : 9	d) 81 : 9	e) 42 : 6
36 : 6	20 : 4	42 : 7	63 : 7	64 : 8
49 : 7	56 : 7	56 : 8	45 : 5	35 : 7

5

a) 30 : 5	b) 12 : 6	c) 40 : 5	d) 35 : 5	e) 24 : 3
30 : 6	12 : 3	40 : 8	15 : 5	9 : 3
30 : 3	12 : 2	40 : 10	50 : 5	30 : 3
30 : 10	12 : 4	40 : 4	25 : 5	18 : 3

6 Aufgaben mit der Null!

a) 0 · 2	b) 0 : 3	c) 2 + 0	d) 0 + 4	e) 0 – 0
2 · 0	0 : 5	3 – 0	0 · 4	0 · 0

Aufgabenfamilien

AH S. 38

1 Schreibe die vier Aufgaben und die Ergebnisse in dein Heft.

a)

b)

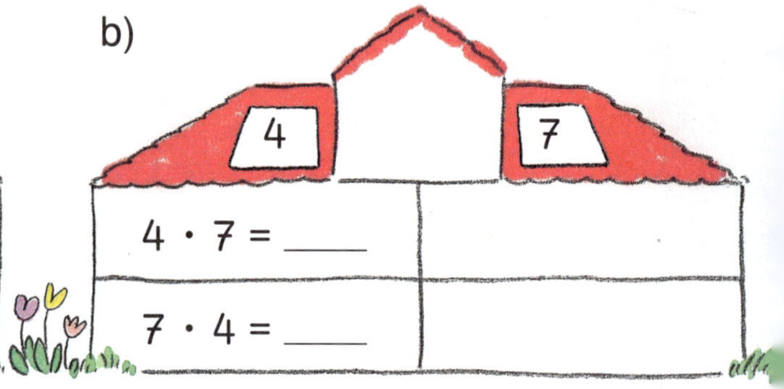

2 a)

b)

c)

d)

3 Häuser zur 24. Schreibe immer die vier Aufgaben auf. Findest du alle möglichen Häuser zur 24?

4 Auch hier gibt es verschiedene Häuser. Versuche alle Häuser zu den Zahlen zu finden.

a) 

b) 

5 Es gibt auch Häuser mit nur einem Stockwerk. Welche sind das? Schreibe die Zahlen im Dach und die beiden Aufgaben auf.

a)

b)

6 Welche großen oder kleinen Häuser findest du noch? Schreibe sie auf.

Dividieren mit Rest

AH S. 39

17 Brötchen, immer 5 in eine Tüte.
Wie viele bleiben übrig?

1 a) Immer 6 Erdbeeren auf einen Teller.

13 : 6 =   Rest

b) Immer 8 Erdbeeren auf einen Teller.

25 : 8 =

2 a) Immer 5 Beeren in eine Tüte.

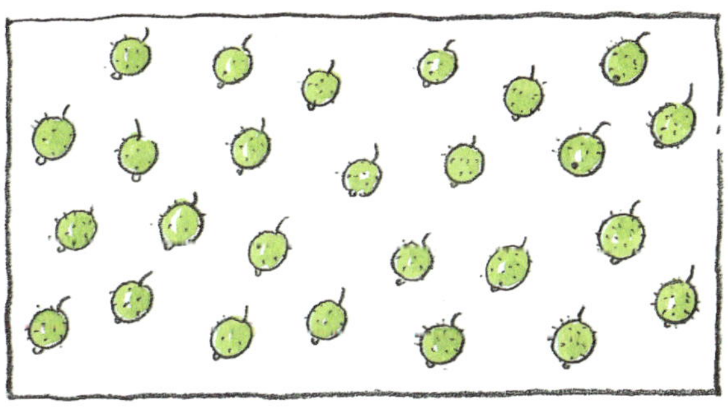

b) Immer 6 Beeren in eine Tüte.

3 Schreibe die Aufgaben in dein Heft.

a) 35 : 6 = 5 R 5

a)	b)	c)	d)
35 : 6	49 : 8	36 : 5	16 : 5
18 : 5	25 : 7	22 : 7	16 : 6
27 : 4	23 : 9	31 : 8	16 : 7

4

a)	b)	c)	d)
11 : 5	37 : 6	43 : 7	17 : 3
12 : 5	38 : 6	44 : 7	16 : 3
13 : 5	39 : 6	45 : 7	15 : 3
14 : 5	40 : 6	46 : 7	14 : 3

Elefanten-Einmaleins

1 Haben sich diese Elefanten richtig aufgestellt? Prüfe nach.

a)

b)

2 Wie viele Elefanten können sich aufstellen? Schreibe die Zahlen auf den Decken auf.

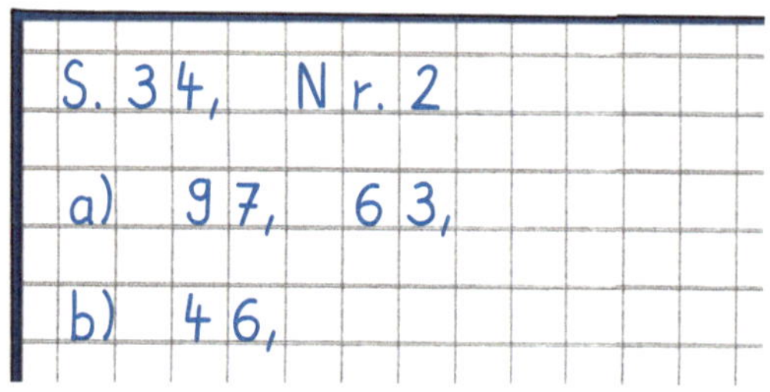

a)

b)

c)

3 Welche Zahlen gehören auf die Decken?

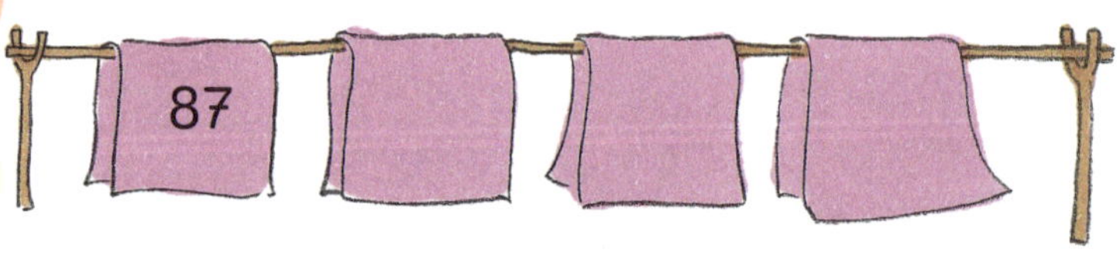

4 Aufgepasst!

Einmaleins zum Knobeln

1

a) 5 · 5
4 · 6

b) 4 · 4
3 · 5

c) 3 · 3
2 · 4

d) 2 · 2
__ · __

e) 1 · 1
__ · __

2

a) 5 · 4
5 · 6

b) 6 · 3
4 · 7

c) 7 · 2
__ · __

d) __ · __
__ · __

e) __ · __
__ · __

3 Wie heißt die Zahl?

a) Die Zahl liegt zwischen 20 und 30. Sie gehört zur 6er-Reihe.

b) Die Zahl liegt zwischen 10 und 20. Sie gehört zur 9er-Reihe.

c) Die Zahl liegt zwischen 40 und 50. Sie gehört zur 8er-Reihe.

4 Aufgepasst! Hier gibt es mehrere Lösungen.

a) Die Zahl liegt zwischen 20 und 36. Sie gehört zur 3er-Reihe und zur 6er-Reihe.

b) Die Zahl liegt zwischen 20 und 40. Sie gehört zur 3er-Reihe und zur 4er-Reihe.

c) Die Zahl liegt zwischen 30 und 50. Sie gehört zur 4er-Reihe und zur 6er-Reihe.

5 Wie heißt die Zahl? Aufgepasst! Auch hier gibt es immer mehrere Lösungen.

a) Die Zahl gehört zur 8er-Reihe. Wenn du 1 addierst, dann erhältst du eine Quadratzahl.

b) Die Zahl gehört zur 5er-Reihe. Subtrahiere 1, dann erhältst du eine Quadratzahl.

c) Die Zahl gehört zur 4er-Reihe. Wenn du 2 addierst, erhältst du eine Zehnerzahl.

Das kann ich jetzt

1

4	5	6	3
1 · 4 = 4 2 · 4 = 4 · 4 =	1 · 5 = 5	1 · 6 =	1 · 3 =

2 Löse mit den Blitzaufgaben.

a) 6 · 8 = __
↯ ______

b) 8 · 7 = __
↯ ______

c) 3 · 9 = __
↯ ______

d) 7 · 8 = __
↯ ______

e) 4 · 9 = __
↯ ______

f) 9 · 7 = __
↯ ______

3 Immer 4.

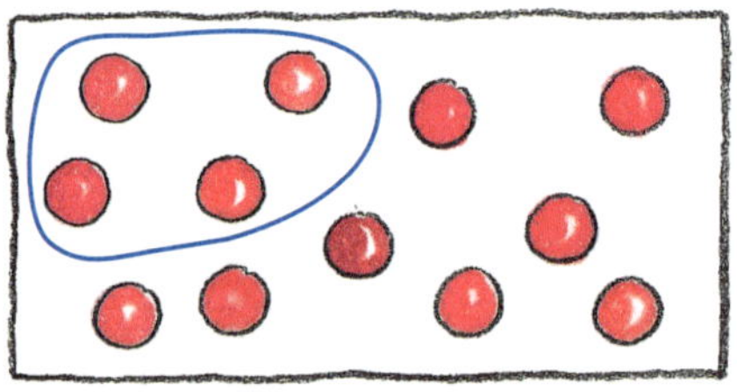

12 : 4 = __

4 Verteile an 4 Kinder.

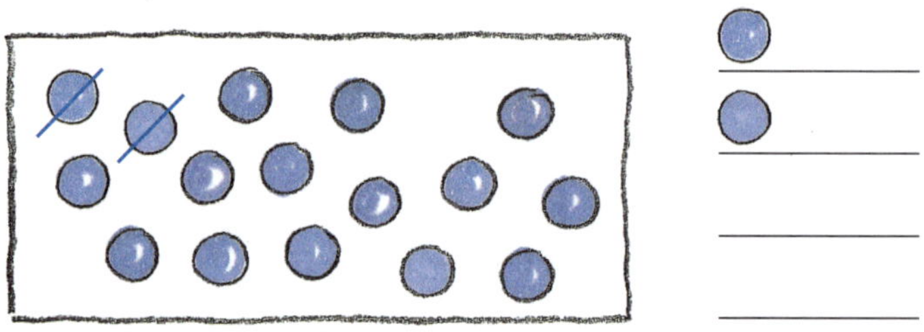

______

5

a) 10 : 5
12 : 2

b) 18 : 2
20 : 5

c) 30 : 10
30 : 5

d) 10 : 2
15 : 5

e) 18 : 6
16 : 4

6

a)
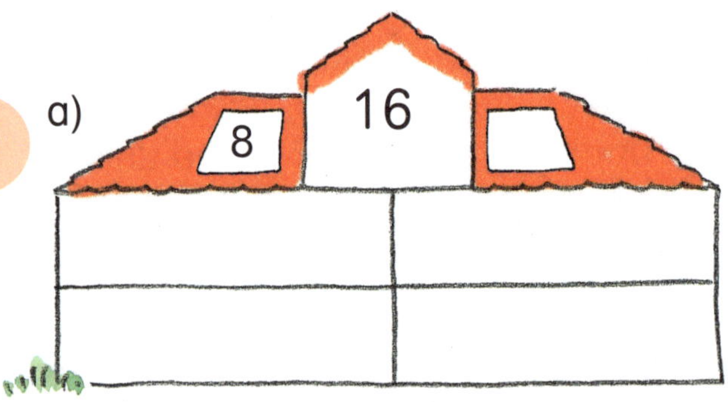

b)
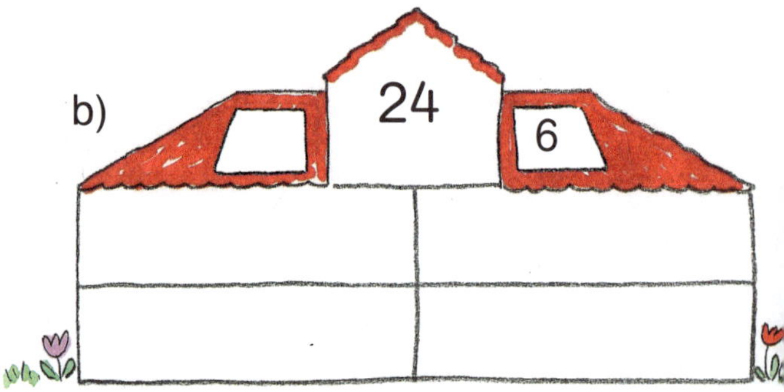

c)

d)